能量觉醒心法

目录

第一章：强者修心篇

第二章：人际势能篇

第三章：情感魅力篇

第四章：财富事业篇

第一章：强者修心篇

1. **如何获得智慧？核心：跳出自我进入乐。** 当你跳出自我，你就会突破局限，进入无限；当你进入乐，迷上你所做的事，你就会拥有感觉，高水平发挥。

2. 真正的内心强大，来自不在乎的在乎。**在你拥有一切之前，你必须不在乎失去一切。**

3. 一切高手，无不是经过大量刻意练习后，进入到**靠感觉发挥**。打球靠手感，表达靠语感，一切不能凭感觉发挥的发挥，都不算高水平发挥。

4. **如何破除烦恼？核心：识幻入真。** 人都是活在自己的主观世界里，一切烦恼，除了生老病死，都是主观臆想的幻觉而已。既然是幻，就如影子，伤不到你，又何必当真？

5. **识幻即能弃，弃幻即入真。**活在幻里，还是活在真里，核心在你的认知、觉知和意愿。认知升维，觉知调整，进入真修，才能强大真我。

6. 人为什么会焦虑、痛苦、内耗？欲成强者，却扮演弱者。本弱，遇强无力；本强，遇事无敌。核心就在于，你是入强还是入弱。

7. 智者不惑，强者不烦。**高手无不是：先成为，再努力实现。**低手无不是：欲实现，再努力成为。高手是先觉得配，后自然有；低手是先有了才觉得配。后者不仅活得累，烦恼多，而且风险也大。

8. 如何摆脱焦虑？**想点有用的，做点能做的。**如果还焦虑，就扪心自问两个问题：如果有办法，焦虑有用吗？如果没办法，焦虑有用吗？

9. 陷入七情六欲即为奴，识出七情六欲即为智，驾驭七情六欲即为主。

10. 人必须从人中解脱出来，才不会被七情六欲所影响。**常有七情六欲的是人，善用七情六欲的才是人物。**

11. 人生只有三件事：自己的事、别人的事和老天的事。**自己的事不逃避，别人的事不替代，老天的事不违背。**只有各归其位，才能各行其道，各得其所。

12. 任何领域，想成为真正的高手，就必须坚守两点：**弄懂＋信透。有没有弄懂，看结果反馈**，行家都认，证明你上道了；有没有信透，看第一反应，一个信到每一个细胞都毫无质疑的人，眼里带光，神里入戏。

13. **你相信什么，讲什么就有力量。** 真正想在红尘世界里混口饭吃，就必须超越体力、脑力，直接进入精神世界。

14. **对未来越有信心，对眼前越有耐心。** 心力越大，困难越小；心力越小，困难越大。

15. 任何经历都是对我们成长的提醒。无论经历什么，我们都可以学到东西。

16. 把"这种事为什么会发生在我身上"的想法，替换成**"这种事想教会我什么"**，你会发现身边的一切都会发生改变。

17. 一提醒，就成长；一悦纳，就放下；一感恩，就幸运。

18. 强烈的动机比方法更根本。没有能不能，只有要不要。**只要真想要，一切都可学，一切皆能做。**至于结果，时间而已。

19. 连续在道，才是最高智慧、最强能量。修行，就是在道上修合一，在行上修连续。

20. **低手要求得到，高手要求做到。**低手的在意点在得失上，高手的在意点在道上——是否尽心尽力做到了极致、用到了极致。

21. **注意力在哪，哪就变强大。**好坏习惯及其力量，均靠注意力滋养。只要时刻觉知注意力在养什么，就能随时把自己拉回正道。

22. 人的注意力是有限的。在坏的方面多一点，在好的方面就会少一点，反之亦然。**改掉坏习惯的捷径，**

不是盯着坏习惯怎么改，而是直接培养一个好习惯。

23. 人都是习性的产物。人的业力习气越大，自由意志就越小。想摆脱"知道却做不到"的困局，就必须**时刻注意身口意，随时随地致良知**。事上练多了，自然就会走进正循环，靠新习性做到毫不费力。

24. 长期愿景，要有长期准备；长期问题，要有长期耐心。

25. 志不立，心不定，万事不成。**欲成大事，必先以德行愿**，想清楚"为谁请命"，才能进入天赋使命，绽放生命价值。

26. **你的智慧永远超不过你的志向。** 你不增加志向，想要增加智慧，门都没有。

27. **成大事者，决策只看目标。** 一个人的愿力大小，决定其面对诱惑或压力时的状态。挺不住时，想想唐僧为什么能成为取经路上的集大成者。

28. 探索天赋使命，就是不断明确**"我就想通过做什么事成就什么人"**。

29. 他人和世界是我们实现使命的必经通道。你能成就多少人，多少人就会成就你，你为世界做多大改变，你就能拥有多大世界。

30. 极致死磕当下事，就是用最高标准自我要求。要么不干，要干就竭尽所能干到最好。

31. 人在饥饿的时候，只有一个烦恼；人在吃饱的时候，就有无数个烦恼；所以，**保持饥饿感，就能保持清醒**。

32. 没有复盘的经历不叫经验，没有行动的反思都是空想。要杜绝盲目努力和大脑空转，必须坚持：**用行动促进反思，用反思优化行动。**

33. **红尘是最好的道场，做事是最好的修行。**学再多的知识，都不如每一个当下的故事隐含的智慧多。

34. 好好做事，尤其是**自己喜欢又对人有用**的事，自己喜欢能滋养你，对人有用能反哺你。

35. 这世界一直未变，变的只是人的看法，一切发生皆是必然。你怎么理解他，他就怎么影响你。

36. 世间本无事，庸人自扰之。一切烦恼，皆源自误解，你愿重新正解，自然能从中解脱。

37. **凡事都有两面，你只看一面那叫偏见！偏见比无知**

离真理更远！

38. 真正的安全感，来自你对自己的信心，是你每个阶段性目标的实现，**而真正的归属感，在于你的内心深处**，对自己命运的把控，因为你最大的对手永远是自己。

39. 人生的本质是追寻自我的提升，包括思想、能力、意志等等。这些发展好了，一切好运随之而来。

40. **每一天每一件事，都是一场自我革命**，所以，就活好每一个当下，尽情享受生活中战斗的欢乐吧。

第二章：人际势能篇

1. 人们无法摧残他们不知道的东西，所以，在你没有形成足够势能之前，请保持神秘。

2. **二流高手玩的是方法论，一流高手玩的是能量场。在绝对势能面前，任何技巧都不堪一击。**

3. 你有多厉害不重要，让人感觉你有多厉害才重要。厉害不是挂在自己嘴边，而是看在别人眼里。

4. 人，一求就怕，一怕就怂，一怂就弱，一弱就伤，一伤就更怕，形成恶性循环。

5. **越在意，越弱势；越乞求，越匮乏；越讨好，越被动。**

6. 一切人际关系的紧张，都来自**乞求感**。战胜紧张最好的办法,就是跳出"我想让你……",进入"我能为你……"。

7. 时刻叩问自己的内心:**我是为求别人,还是为做自己?**

8. **真正的利他,绝不是迎合,也不是顺从,更不是纵容**,而是为了帮助对方成为更好的人、体验更好的人生,而竭尽所能地通过付出来强化自己,最终实现自他两利。

9. **"为好"的过程,就是"最好"的结果。**所以,**要保持住"为好"的发心和状态**。

10. 真正的强大,不需要证明。需要证明的,都不够强大。

11. **以自我为中心，必将失去中心**，寻求理解，说明还不够成熟。

12. 所有的累，都是在跟真实对抗。只要你回归真实，你就能产生无限杀伤力。

13. 重塑自信，就是不断创造正反馈。

14. **正反馈就是高标准自我要求出来的**。任何的经历都应让自己强大，**不让我成功，就让我成长**。两者都是正反馈。

15. 事业上合作比自己强大的人，事业长虹；生活上牵手跟自己同频的人，生活幸福。

16. **能理解为愚蠢的，就不要理解为恶意**。自信一些，钝感一些，不要太玻璃心，你的人缘会变好很多。

17. 人前不该说的话，人后也不要说。

18. **人都是慕强的动物**，没人真正喜欢心理位置比自己低的人。

19. **慕强属性不因任何人的意志而改变**，你只有顺着这个规律去做好自己，你才有持续被人爱的强者魅力。

20. 一个人永远没有办法在第二次送出最好的第一印象。

21. 提升能量最直接的办法，就是多去接触能量正向、频率相同的人。**你常在什么样的能量场，你就会成为什么样的人。**

22. 面对感情关系，就看淡利益，面对利益关系，就不要牵扯太多感情，拎得清，你才能拿得起，放得下。

23. 再厉害的人,也是人,而不是神。把对方当成模仿对象、学习榜样,这样你才有机会接近对方,超越对方。

24. 当感到沟通困难的时候,最好的沟通方法不是想太多技巧和说法,而是:**更坦诚地沟通**。

25. 跟任何人沟通:**先解决心情,再解决事情**。核心就在:**同理心表达**。

26. 你可以否定对方的做法,但你必须先理解对方的动机!每个人都有自认为合理的动机!理解动机,就是自己人!

27. **关系决定态度**,你跟人是什么样的关系,决定人对你这个人、对你说的话有什么样的态度。

28. 关系破冰，就是改变发心，把对外的乞求心转换成对外的利他心。不再把注意力放在我能从别人那得到什么，而是放在我能为别人做点什么。

29. **尊重你遇到的每一个人**，无论他的阶层高低，身价贵贱，也不管你有多大优势。这是你进入无我利他境界的基本检验。别把自己太当人，也别把别人太不当人。

30. 你越期望别人认可你、赞美你，你就越难掌控自己的人生。因为**强者不需要通过别人认可来证明自己**，弱者才需要别人的点评来安慰自己。

31. **理解是最高级的情商**，真正的高情商背后，一定是内心善良，而不是阳奉阴违。

第三章：情感魅力篇

1. 情感关系里，魅力是第一位的。你要用魅力吸引别人主动做事，而不是逼人做事。

2. 谁更被喜欢，谁更占主导。你有让人喜欢的魅力，别人就会心甘情愿为你做事。

3. **想让人喜欢，先喜欢自己。**当你不需要任何人喜欢都可以活得像花一样绽放，自然会吸引很多喜欢你的人。

4. **人的真正魅力**，并非指外在优势，而**是指内心强大。**当你褪去所有外挂优势还能有魅力地与人交互，那才是真正的魅力。

5. 我爱你，是我的课题，与你无关！怎么回应，是你的课题，与我无关！

6. 一切的被情所困,都是源于"爱无能"。

7. **你的能力在哪个层次不重要,你的爱在哪个层次更重要。**你爱在哪个层次,就会吸引哪个层次的人。

8. 心中的爱不增加,一切都不会根本改变。

9. 近者悦,远者来!连身边小树都无法滋养的人,怎么可能拥有整片森林?

10. **不能悦纳自己的一切,就在随时准备着无常的伤害。**

11. 一个人越同情自己,越可悲。所有的抱怨,都是二次伤害的铺垫。

12. 没有人能真正伤害你,除非你允许。

13. 每个人都是独立星球，允许自己做自己，允许别人做别人。

14. 智慧的你应该知道：**如果你是对的，你没必要发脾气；如果你是错的，你没资格发脾气。**

15. 能降住的不用降，降不住的也不能降。感情不是看降不降得住，而是看你被不被需要。

16. 进入被需要，去做被需要，成为被需要。你有多被需要，你就多占主导。

17. **凡在情绪中表达，必在耻辱中收场。**

18. 你有多愤怒，你就有多悲哀。愤怒的表达，换不来尊重，只会换来轻视，时间久了就能看出来。别人当时表现给你的顺从，只是暂时的假象。

19. 婚恋最大的谎言是什么？"你可以找到更好的！"那何为真话？**"你可以变成更好的！"**你自己没有改变，一切都不会真正改变。

20. 爱是吸引来的。**求来的都靠不住，吸引来的才靠得住。**

21. 一个优质的人选，胜过千百次磨合！

22. 如果真为孩子好，除了爱和榜样，其他都是多余。

23. **真正的爱，是帮对方成为更好的人。**没有比帮对方心智成熟、自立自强更好的爱了。爱，不是占有，是成就。

24. **对人好而没有乞求，永远是情感关系的最高境界。**当你能享受对人好的过程，就已经自得其乐，活出最佳状态了。

25. 千金难买我乐意，我爱你，是在滋养我自己。

26. 会爱的人，永远是快乐的。因为，爱主导喜悦。

27. 刚开始你可以用语言让人舒服，但后期你必须凭人品让人舒服。

28. **感情相处最大的成本是信任。所有的感情磨合，都是为了降低信任成本。**喜欢是"缘"，信任是"分"，没有信任的感情，就是有缘无分。

29. **懂比爱更重要**，不懂需求的爱，是负担。你能多懂一个人，就能多深刻地影响一个人。

30. 男人的三大核心需求是：**被崇拜！被认同！被支持！**

女人的三大核心需求是：**安全感！仪式感！被偏爱感！**

31. **亲密关系的本质是合作共赢。** 想要搞定一个有企图心的人，你就帮助他实现他的计划，成为他计划的一个重要支柱，他就很难离开你，越来越信任你。

32. 不和重要的人计较不重要的事，不和不重要的人计较重要的事。

33. 情感关系长期保鲜的秘密，是你能与时俱进地持续给对方提供她/他所需要的价值。

34. 感情中出现矛盾，千万不要冷战，也不要情绪上头大吵大闹，**好好沟通很多矛盾都能化解。** 如果自己有错，那就真诚道歉，理解感受，行动补救；如果自己没错，那就理解感受，对称事实，同步需求；

如果对方不听,那就先理解感受,再另选时机再谈。

35. **爱虽然不是直接解决问题的技巧,但却是解决好一切问题的根本**,它总能给予我们一种特殊的能量,让我们自身拥有解决问题的能力。

36. 感情表面上看似是两个人的事情,但实际上是你一个人的事,你是解决一切问题的根源。

37. 人在感情上最起码的心理素质,就是:**爱得起和放得下**。

38. 人是变强还是变弱,主要取决于对受伤的反应。情绪反应越强烈,就越在暗示潜意识"我很弱小";你越不把它当回事,就越是在暗示潜意识"我很强大"。一次次形成的潜意识,会决定人生的走向。

39. 无论别人对你多么不好，无论命运对你多么不公，不选择受伤，就不会匮乏；内心不匮乏，就不需要用欲望来填充。

40. **欲望，是追求当下的满足；愿望，是将满足留给时间。**欲望的满足，只会激发更多的欲望；愿望的满足，可以带来成长。

第四章：财富事业篇

1. **创造规则=创造财富。**世界上最赚钱的，是善于创立规则的人。

2. 要解决问题，就要跳出玩家角色，进入游戏开发者视角，重新审视规则，调整规则。

3. **真正的勤奋，是做对选择。**人生99%的事情，在做选择那一刻，其实80%的结果就已经定了，后面再怎么努力，也无非是对那20%的修修补补。

4. 任何事情都有起决定性作用的核心权重。**做事，就是找准核心权重，然后不惜一切代价搞定它。**

5. 决定事业财富最核心的能力是什么？四个字：把握趋势。越能站在未来为现在，就越有未来！

6. 越穷，就越要去投资自己，改变那最大的权重，在判断的角度 10 倍、100 倍地超出他人。

7. **追随有本事的，合作有资源的，合伙有感觉的。**

8. 没有人可以成就你，**只有你干的事可以成就你。你干的事值钱，你就值钱。**

9. **真正的不可替代**，不是你干的事不可替代，而**是你可随时生出可替代的人。**

10. 没有获得，就是没有交给。你把自己交给事业多少，就会拥有多少事业。你想成事，就得来真的。

11. 真正决定价格的，不是劳动有多辛苦，而是替代方案的位次。

12. **真正决定你收入的,是机会成本。**成本应向未来看,不要关注历史成本,而应关注:现在做点什么,才会让明天更有优势。

13. 企业存在的价值,在于提升效率,降低交易成本。效率才是神,有足够效率,才能无限变大。

14. 变富,就是想尽一切办法提升效率,用更低成本带来更高产值。

15. 低成本总会打败高成本,**能把某一项成本大幅降低,可谓无敌。**

16. **真正的竞争,是让你没法跟我争。**不出手则已,一出手没有任何回旋余地。

17. **不败在己,可胜在敌。**知己知彼,并让彼不知己,尽量减少失误，就能成为传奇。

18. **凡事先问是不是，再问怎么做。**本质认知透，方法自显灵。

19. **不想浪费生命，就去做自己热爱且对人有价值的事。**

20. 要么干热爱的事，要么热爱地干事。

21. 如果无法热爱它，那就热爱干掉它。

22. 培养专注力有一个秘诀，那就是：**经常独立思考感兴趣的事，你就会渐渐地养成专心的习惯。**

23. 你要为犯错留出空间，**允许犯错，才能以最小的代价磨出最好的方案。**

24. 你要一边建设，一边建设性批评。

25. 做决策上，永远去选难而正确的那个，**选有机会让你人生发生质变的那个。**

26. 重要的不是做出正确判断的次数，而是做出的正确判断的重量级。

27. 好机会的一个重要特征，是它往往会带来更多更好的机会。

28. **实操要快，投钱要慢。** 先低成本小范围试错，再投钱放大。

29. 学会分钱，分未来的钱，办眼前的事，财散人聚。带团队就是，不断地统一思想，努力把个人的利益变成集体的利益。

30. 利可共而不可独，谋可寡而不可众；**独利则败，众谋则泄。**

31. 对人一块一，对物九毛九。对人才就要厚待，**人心永远是最贵的资产。**人心上去了，更大的价值回报也就上去了。

32. 普通人想干成点儿事儿，记住两句话：别把别人不当人，别把自己太当人。能忍别人之不能忍，干别人之不能干，在夹缝中谋生存，你才能站稳脚跟。

33. 想要做大事就要遵循：**不重来就是快，有积累才是多。**普通人快速逆袭的最佳捷径：**找高手拜师！**

34. 成为标杆，快速成为大佬的标杆，大佬到处讲你、推你、帮你，想不起来都难。

35. 工作基本上是一个积累信誉的过程，自己今天的工作一直在为自己的明天积累信誉。工作中总是掉链子、需要人提醒就是不断的丢掉自己的信誉。

36. 广告的本质是制造自卑感，成交的本质是制造配得感。

37. **选择做一件事，你就要充分地相信你自己**，相信自己能做到，相信你能带领大家做到，你就能"如有神助"，而这个"神"就是你自己。

38. 需求即市场，常识即边界。创新的外延，不要脱离常识，否则，创新就会成为创伤。**你可以反常识找答案，但不能反常识求生存。**

39. 在不变的地方全力以赴，才能轻松应对所有的变。

40. 老师是让你明白，导师是让你醒来。老师是给你装，导师是让你不断生长。人生的导师，就是让你活的时候变得最辉煌，走的时候变得最坦然。

41. **不赚钱，就没有现在；不值钱，就没有未来。**

42. 如果你不值钱，即使赚到钱，也只是暂时假象。**只有自己有质变的提升，才能持续收获量变的利益。**